放心蜂蜜

中国养蜂学会

中国农业出版社
北　京

图书在版编目（CIP）数据

放心蜂蜜/中国养蜂学会编．—北京：中国农业出版社，2023.3
ISBN 978-7-109-30393-5

Ⅰ.①放… Ⅱ.①中… Ⅲ.①蜂蜜-问题解答 Ⅳ.①S896.1-44

中国国家版本馆CIP数据核字（2023）第020276号

FANGXIN FENGMI

中国农业出版社出版
地址：北京市朝阳区麦子店街18号楼
邮编：100125
责任编辑：司雪飞
版式设计：杜 然　　责任校对：吴丽婷　　责任印制：王 宏
印刷：鸿博昊天科技有限公司
版次：2023年3月第1版
印次：2023年3月北京第1次印刷
发行：新华书店北京发行所
开本：880mm × 1230mm　1/24
印张：$3\frac{1}{3}$
字数：100千字
定价：42.00元

《放心蜂蜜》编委会

主　　任：杨振海　吴　杰

执行主任：陈黎红

委　　员：庞国芳　彭文君　宋心仿　薛运波　缪晓青

陈国宏　曾志将　罗岳雄　胡福良　胥保华

刘进祖　余林生　孙津安　孙　毅　季福标

《放心蜂蜜》编写组

主编：陈黎红　曹　炜

编者：赵浩安　程　妮　张　颖　SUPERBEAR

司雪飞　王建梅　罗　兵　王　楠　陆凤宇

主审：陈黎红

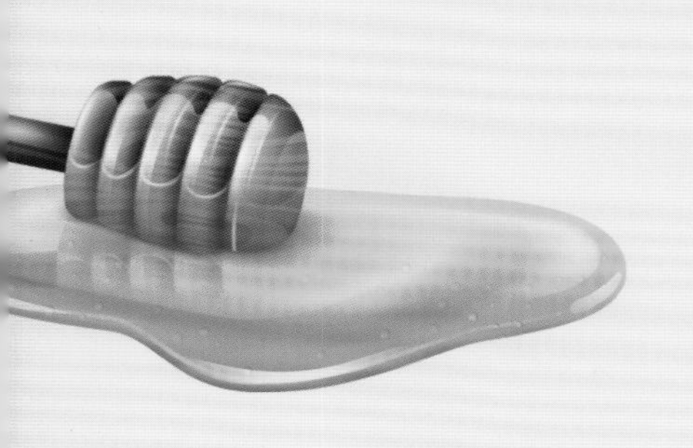

你知道吗？

一瓶蜂蜜450克
需要1152只蜜蜂
飞行180,246千米
访问50万~500万朵花
也就是
每只蜜蜂要飞行
156千米！

序

蜂蜜是指蜜蜂采集植物花蜜或活体植物的分泌物，带回巢房中，加入自身分泌的特殊物质进行转化、沉积、脱水、贮藏并留存于蜂巢中至成熟的天然甜味物质，是蜜蜂群体赖以生存的营养来源。

蜂蜜有着悠久和迷人的历史，早在1000万至2000万年前的中新世时期，有开花植物时就有群居蜜蜂的存在，人类在1万年前的冰河时代末期就已经留下了采集蜂蜜的记录。蜜蜂在古代世界有着神圣的地位，宗教意义延续了几个世纪。历史上记载了很多蜜蜂价值的有趣故事，包括蜂蜜、蜂蜡等与人类健康息息相关的天然蜂产品。

蜂蜜的成分非常复杂，根据其资源(包括植物来源、蜂蜡巢础、地理位置、季节和气候等)而有所不同，有些成分来自蜜蜂本身，有些成分来自植物花蜜。尽管不同国家和不同地区的天然蜂蜜成分不同且复杂，但大多数蜂蜜的整体成分相似。通常情况下，天然蜂蜜的成分包括70%的花蜜和水、10%的必需营养素、5%的蜂花粉和5%的其他物质等。蜂蜜的主要营养成分除单糖外，还有蛋白质、氨基酸、活性酶、类黄酮等。然而，不同产地或不同品种的植物，蜂蜜的成分也是不同的。

有些读者可能考虑开始养蜂，这样他们可以收获自己的蜂蜜。

有些读者可能曾经在某个时间点被“天然蜂蜜”“纯正蜂蜜”“真蜂蜜”“成熟蜜”“土蜂蜜”“雪蜜”等词语所困扰，让你无法明确购买哪种蜂蜜，或者是想了解什么是真正的蜂蜜，什么是优质的蜂蜜，蜂蜜对健康有什么益处，与糖有什么区别，怎么食用最佳？那么，这本书就是为你准备的。

这本书是为那些希望澄清关于蜂蜜的误解的人、希望指导蜂蜜消费的人、希望了解蜂蜜与健康的人、希望以蜂蜜替代糖的人写的。希望这本书能给你一个全新的视角来看待和衡量一瓶蜂蜜。该书的作者长期致力于蜂蜜研究，长期食用蜂蜜，还是成熟蜜的倡导者和推动者，该书的出版将为今后蜂蜜科学普及、蜂蜜与人类健康及美好生活、蜂蜜产业可持续发展做出巨大贡献。

Siriwat Wongsiri 教授

亚洲蜂联(AAA)主席

泰国朱拉隆功大学昆虫学和蜜蜂生物学卓越中心（曼谷）

目录

第二部分　你真的了解蜂蜜吗？

第三部分　你真的会消费蜂蜜吗？

第四部分　美味蜂蜜

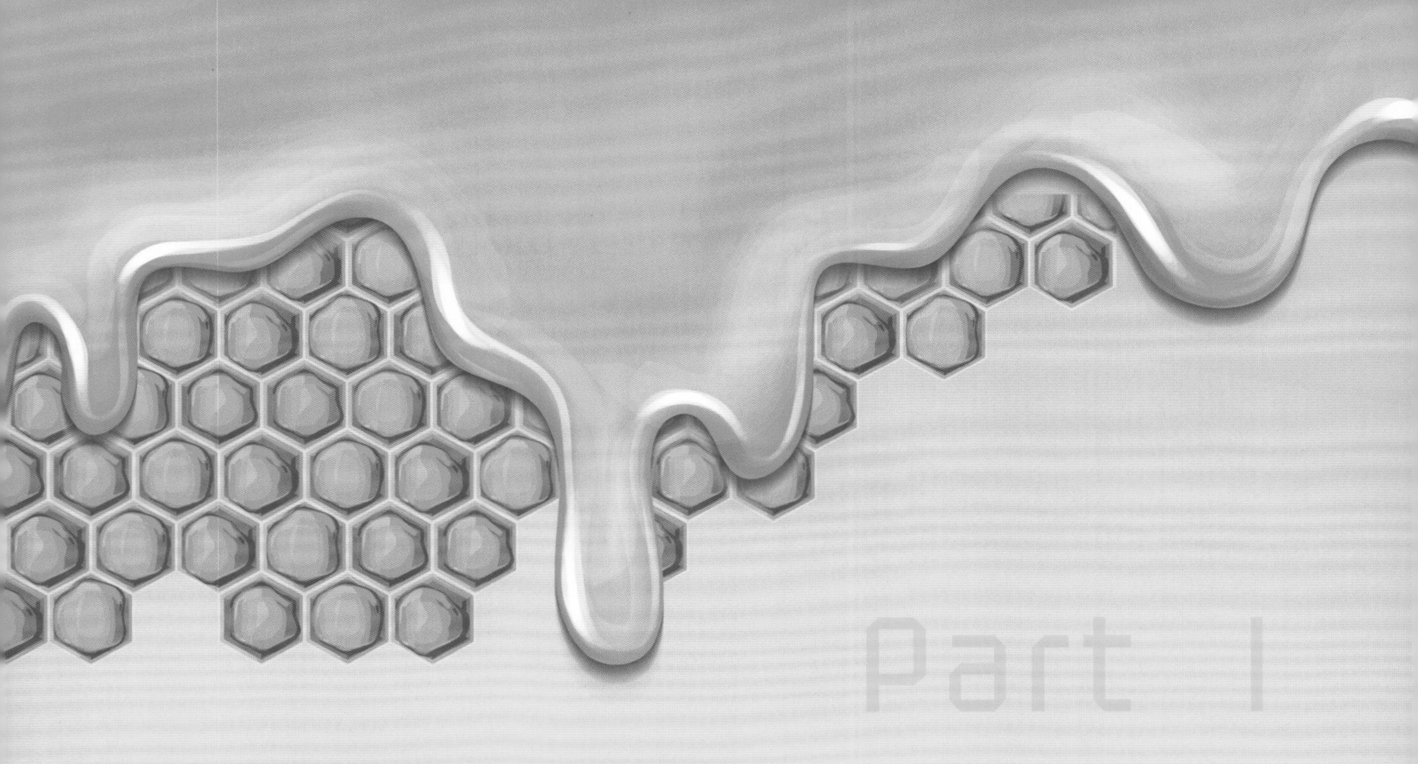

Part 1

第一部分 你真的认识蜂蜜吗？

（一）你知道中国蜂蜜在世界的地位吗？

中国不仅是世界第一**养蜂大国**，也是世界第一蜂产品生产大国和出口大国，中国蜂产品无论是产量、出口量，还是品种数量均居世界第一。

根据2020年国际统计年鉴、中国养蜂学会（ASAC）不完全统计，中国拥有蜜蜂饲养量约1440万群，占世界蜂群总量的15%，居世界首位；中国蜂蜜总产量46万吨，占世界蜂蜜总产量的25%以上，居世界第一。

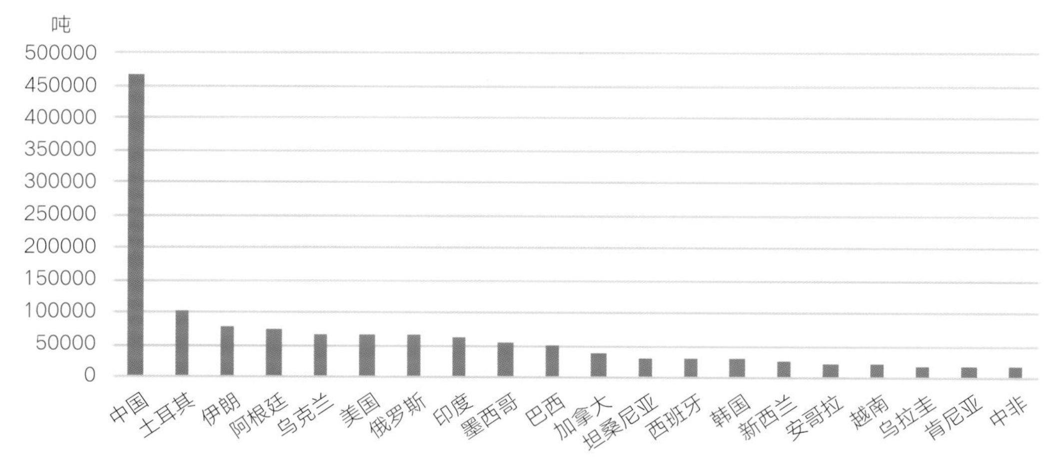

2020年世界蜂蜜20强排行榜

中国百姓完全可以放心、安心消费自己国家的蜂蜜

（二）蜂蜜是怎么来的？

蜂蜜是蜜蜂采集植物的花蜜、分泌物或蜜露，与自身分泌物混合后，在蜂巢中经充分酿造至成熟的天然甜味物质。

蜜蜂从植物蜜腺中采集含水量为50% ～ 70%的花蜜或分泌物，装在蜜囊中带回蜂巢交给内勤蜂进行酿造，经过内勤蜂7 ～ 15天的反复吞吐酿造，翅膀扇动促进水分蒸发，使花蜜中的水分含量明显降低，蔗糖（双糖）被转变成葡萄糖和果糖（单糖），氨基酸、蛋白质含量以及生物酶活性等显著提高。酿造成熟的蜂蜜被蜜蜂分泌的蜂蜡覆盖封存于巢房中（留着在寒冷的天气或外界缺乏蜜源或其他食物来源缺乏时，供成蜂和幼虫食用），再经人工割蜡、摇蜜、过滤、包装等环节，就得到了我们日常所食用的蜂蜜。

酿造时间　0天　1天　3天　5天　7 ～ 15天

采集

植物花蜜

运输

贮存、吞吐

酿造

蜂蜜尚未成熟

封盖
蜂蜜成熟后蜜蜂分泌
一层蜡盖住蜂蜜

蜂蜜成熟

（三）蜂蜜是糖吗？

蜂蜜≠糖

蜂蜜是一种营养价值远高于糖的天然药食两用食品。

蜂蜜中糖类物质占蜂蜜总重量的70%～80%，主要以单糖如葡萄糖和果糖为主，蔗糖含量不超过5%。蜂蜜中还含有200多种人体所需的营养物质和活性物质，其营养价值和糖有本质的区别。

- 单糖
- 游离酸
- 蛋白质
- 氨基酸
- 活性酶、微量元素、维生素等

- 双糖
- 碳水化合物

（四）蜂蜜是花蜜吗？

蜂蜜≠花蜜

花蜜是植物花内蜜腺和花外蜜腺分泌的含糖液体，是蜂蜜的物质来源，蜂蜜的前身。蜜蜂将花蜜酿制成为蜂蜜经过了复杂的生物转化过程，蜜蜂在对花蜜进行反复吞吐的过程中添加了大量自身的分泌物包括生物活性酶，使花蜜中的成分在生物酶的作用下发生生物转化、降解和累积，水分蒸发至完全成熟，最终成为蜂蜜。

花蜜和蜂蜜的营养成分及生物活性差异很大，花蜜是稀薄的，主要成分是水、不同比例的双糖，以及其他多种植物化学物质。蜂蜜除了含有花蜜的物质外，更重要的是蜜蜂通过生物酶将花蜜中的成分分解为有利人体吸收的营养物质，如将蔗糖等多糖分解为葡萄糖、果糖等单糖，同时富含蛋白质、氨基酸、矿物质、维生素、有机酸、酚类化合物、花青素、芳香物等多种物质，并将水分蒸发到17%以下，以确保不变质发酵。可见蜂蜜比花蜜的营养更丰富、更健康。

（五）什么是百花蜜？

蜂蜜分为单花种蜂蜜和多花种蜂蜜（又称百花蜜）。

百花蜜是蜜蜂采集两种或两种以上花蜜酿制成的蜂蜜，一般颜色呈浅琥珀色至深琥珀色，有自然的花香味（部分来自中草药花的百花蜜有淡淡的中药材味道），味道甜润、易结晶。

百花蜜的化学组成与单花种蜂蜜相似，但由于百花蜜是蜜蜂采集多种植物的花蜜酿造而成的，营养物质的种类比单花种蜂蜜丰富，花香味也因产地、蜜源植物不同而呈现不同风味。

（六）什么是单花种蜂蜜？

单花种蜂蜜是指蜜蜂主要采集单一植物花蜜后经充分酿制至成熟的蜂蜜。

我国作为世界蜂蜜生产大国，单花种蜂蜜种类繁多，主要品种有洋槐蜜、油菜蜜、荆条蜜、椴树蜜、枣花蜜、龙眼蜜、荔枝蜜、荞麦蜜、枇杷蜜、紫云英蜜、紫花苜蓿蜜、薰衣草蜜、三叶草蜜、白刺花蜜、野坝子蜜、米团花蜜、乌桕蜜、棉花蜜、葵花蜜、柑橘蜜、桉树蜜、苕子蜜、党参蜜、玄参蜜、蓝莓蜜等。

单花种蜂蜜花源的鉴别方法可通过显微镜观察蜂蜜中花粉的形态和数量来检测。按照国际蜂业界的惯例，一般认为蜂蜜中的某种特征花粉含量占比达到45%以上，即可判定其为单花种蜂蜜。

枣花

洋槐花

荆条花

椴树花

油菜花

（七）蜂蜜如何分类？

蜂蜜有多种分类方法，最为普遍的是根据是否采自单一蜜源植物的花蜜，将蜂蜜分为单花种蜂蜜与多花种蜂蜜（又称百花蜜）。还可按照蜜源植物、蜂种、产地、加工工艺、状态等差异来进行划分。

按照蜂种可将蜂蜜分为中蜂蜂蜜、意蜂蜂蜜、黑蜂蜂蜜、无刺蜂蜂蜜等。

按照结晶状态可将蜂蜜分为结晶蜜、半结晶蜜和非结晶蜜。

按照提取方式可将蜂蜜分为离心蜂蜜和压榨蜂蜜。

结晶蜜

非结晶蜜

中蜂采蜜

意蜂采蜜

黑蜂采蜜

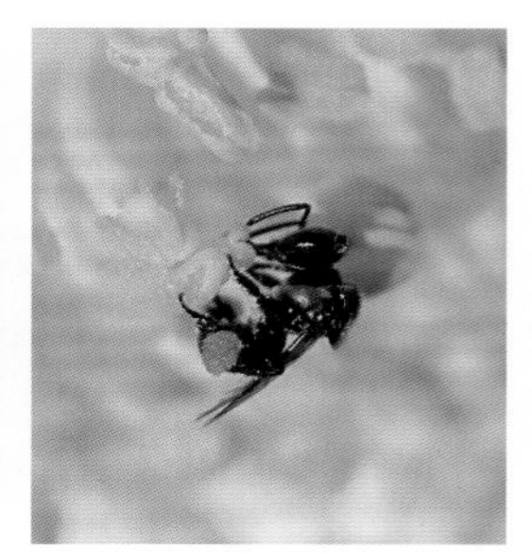

无刺蜂采蜜

（八）为什么蜂蜜颜色深浅不同，颜色和营养价值有关系吗？

蜂蜜呈现的颜色与营养价值无关。

蜂蜜颜色主要与蜜源植物的品种有关，不同蜜源植物的花蜜颜色不同，酿造出来的蜂蜜颜色也是不同的。如荆条、枣花等植物花蜜颜色深，酿造的蜂蜜就是深颜色的；而洋槐、枇杷等花蜜的颜色浅，酿造出来的蜂蜜颜色也较浅。

蜂蜜的颜色与其矿物质含量也有关，矿物质元素含量越高，颜色越深。

蜂蜜颜色还与蜂蜜的加工和贮藏温度有关，高温加工和长时间的高温贮藏会导致蜂蜜颜色变深。

扫码看视频

一般来说，颜色浅的蜂蜜花香味清淡，口感清甜；颜色深的蜂蜜花香味会更浓郁。

黄芪蜜

阿勒泰蜜

枣花蜜

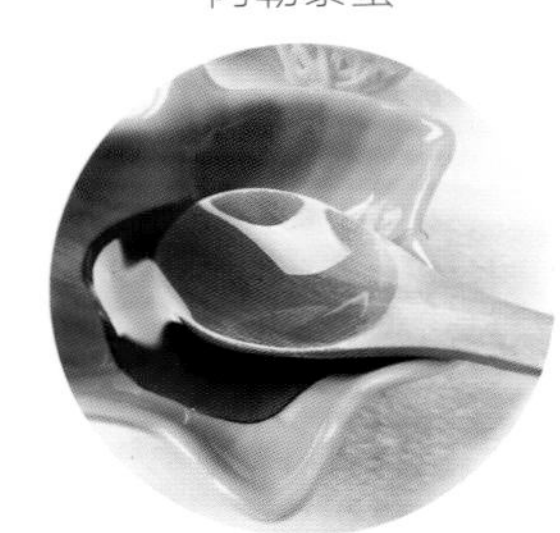

荞麦蜜

洋槐蜜

苕子蜜

（九）为什么蜂蜜有稀有稠，越浓稠越好吗？

在正常情况下，蜂蜜越稠品质越好。

蜂蜜的稀稠状态与蜂蜜品种及化学组成，尤其是与水分含量有关。水分含量越高蜂蜜越稀，水分含量越低则越浓稠。

成熟蜂蜜的含水量低，外观是比较稠的，而未成熟蜂蜜含水量高，外观比较稀。有些商家会在未成熟蜜中添加增稠剂或对其进行加热浓缩处理，这样营养会大打折扣。

蜂蜜的黏稠度与贮藏温度有关，夏季温度高，蜂蜜的黏稠度会稍微变低，这也是正常现象。

（十）为什么有的蜂蜜里有小气泡？

一是水分含量高 在贮藏过程中蜂蜜中的嗜渗酵母发酵产气，不仅会出现气泡，而且会发酸，花香味变淡，说明蜂蜜已经变质，不能食用，这种情况多发生在夏天。

二是含有蛋白质 蛋白质在过滤、灌装过程中容易产生泡沫，商品蜂蜜泡沫多出现在蜂蜜的顶部，这类蜂蜜中的泡沫除了影响外观，对蜂蜜的质量没有任何影响。成熟蜂蜜灌装妥当，则没有小气泡。

三是多种酶的作用 转化酶有很强的活性，在蜂蜜中会一直发生作用，会在蜂蜜表面出现细小气泡，这种现象在新蜜中表现最为明显，说明蜂蜜没有高温加热过，活性很强。

活性酶的作用下产生的气泡

蜂蜜发酵产生的气泡

（十一）蜂蜜中有哪些营养成分？

蜂蜜中除了水分、单糖外，还有蛋白质、氨基酸、活性酶、脂类、酚类化合物、矿物质以及少量的维生素等人体所需的营养素。

糖类　以果糖和葡萄糖为主，是补充能量的理想膳食来源，糖类物质还包括海藻糖、龙胆糖等一些具有生物活性的低聚糖。

蛋白质　主要来源于蜜源植物的花粉和蜜蜂分泌的王浆蛋白质，其含量及组成与蜜蜂品种、蜜源植物品种等有关。

氨基酸　包括脯氨酸、天门冬氨酸、赖氨酸等16种氨基酸，主要来源于蜜蜂自身的添加以及植物的花蜜和花粉。

矿物质元素　包括钾、钙、钠、镁、磷、铜、锌、锰、钴等，钾元素含量尤其丰富。

活性酶　包括蔗糖转化酶、葡萄糖氧化酶、淀粉酶、过氧化氢酶等。

维生素　主要有维生素B_{12}、泛酸、烟酸、维生素B_1、维生素C、维生素B_6等。

（十二）蜂蜜中有哪些生物活性物质？

蜂蜜中的生物活性物质包括**酚类化合物**、**功能性寡糖**、**王浆蛋白质**、**氨基酸**及**生物酶**等。

酚类化合物　包括黄酮类和酚酸类化合物，是其发挥生物活性的主要物质。目前从蜂蜜中发现了60多种酚类化合物，这些物质具有抗氧化活性、抑菌、抗辐射、调节血脂、提高免疫力等多种生物活性功能。

功能性寡糖　是蜂蜜中重要的双歧杆菌增殖因子，还可调节血糖、抑制肠道有害菌的生长繁殖。

王浆蛋白质　具有很多生理功能，已在蜂蜜中发现至少4种，包括MRJP1、MRJP2等，MRJP1是一种弱酸性糖蛋白，可以保护肝细胞并促进其再生，MRJP3则具有免疫调节作用。

生物酶　包括蔗糖转化酶、葡萄糖氧化酶、淀粉酶、过氧化氢酶等。

此外，研究人员还发现了蜂蜜中的一些萜类化合物、羟基脂肪酸等生物活性物质。随着研究的不断深入，蜂蜜中新的生物活性物质也在不断被发现。

（十三）什么是成熟蜂蜜？

蜂蜜本身就应是成熟蜜

成熟蜂蜜最大的特点是蜂蜜在蜂巢内自然成熟并封上一层蜡盖（简称“封盖”），从花蜜到蜂蜜的酿造转化完全由蜜蜂独立完成。

在蜜蜂酿蜜过程中，蜜蜂会不断进行吞吐、转化，蜂蜜的理化性质、营养成分及品质随着一系列生物转化、降解和累积发生显著改变，如水分明显减少，蔗糖被分解为单糖，氨基酸、蛋白质含量以及生物酶活性显著提高。

与未经充分酿造的非成熟蜂蜜相比，成熟蜂蜜的营养价值和生物活性更高，例如游离氨基酸及部分酚类化合物含量显著提高，活性酶、王浆蛋白质、羟基脂肪酸等成分大量生成。

（十四）什么是巢蜜，它比蜂蜜的营养价值高吗？

巢蜜也是一种蜂蜜，由蜂巢和蜂蜜两部分组成，一般要求蜂巢全部封盖，或至少90%以上，巢础是纯蜂蜡。巢蜜主要有大块巢蜜、格子巢蜜、切块巢蜜三种类型，均为成熟蜂蜜。

天然巢蜜不易人为加工，且不易掺假，可以直接食用，因而受到消费者的青睐。

巢蜜与普通成熟蜂蜜的营养价值没有显著的区别，只是蜂蜜存放的形态有所差别。

（十五）有没有雪莲蜜、金银花蜜等中药材蜂蜜？

市面上没有真正流通的雪莲蜜和商品金银花蜜，但中国养蜂学会有其他中药材“药蜜”基地。

雪莲　通常生长在高山雪线以下。该地区气候多变，雨雪交替，气温很低，最高月平均气温 −3 ～ 5℃，这样的环境蜜蜂难以生存，因此难以生产商品雪莲蜜。

金银花　花秆长，大多数花朵的蜜腺位于花蕊的最深处，蜜蜂的吻很短，很难采到蜜。金银花很少有野生的，而人工种植的金银花在开花之前已进行采收，等不到蜜蜂来采蜜，不可能成为商品蜂蜜。

蜂蜜是否存在应当结合花期和蜜蜂的特性进行判断。像桃花蜂蜜、桂花蜂蜜等品种的蜂蜜也由于受到环境和产量等的限制，难以大批量生产。

新疆红花蜜基地

（十六）中蜂蜂蜜和意蜂蜂蜜有何不同？

两者是由不同品种的蜜蜂酿制而成。

中蜂　中国本土的一种东方蜜蜂，全称中华蜜蜂。多分布在山区，蜜粉源植物种类多，因此中蜂蜂蜜大多是多花种蜂蜜（百花蜜），营养成分多样。

意蜂　从意大利引进的一种西方蜜蜂。遍布全国各省份，多分布在平原，主要以采集单一的大宗蜜源植物（如油菜、荔枝、龙眼、洋槐、枣树、荆条、椴树等）为主，零星蜜源为辅。

消费者肉眼难以鉴别中蜂蜂蜜和意蜂蜂蜜，主要以产品标签中的配料表信息为准。由于中蜂蜂蜜花粉含量高，大部分中蜂蜂蜜有明显的花粉味。研究者可使用代谢组学方法，根据两种蜂蜜中的脂肪酸、蛋白质、DNA 等蜂源性成分含量（中蜂蜂蜜高于意蜂蜂蜜）差异鉴别两种蜂蜜。

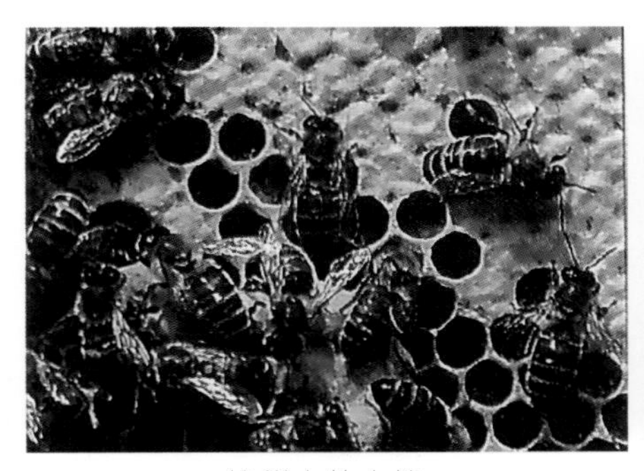
蜂巢中的中蜂

蜂巢中的意蜂

（十七）雪蜜到底是什么蜜？

雪蜜是乳白色结晶蜂蜜的俗称。主要特点是结晶细腻、均匀，色泽雪白、漂亮，风味独特，气味芳香，质地如同奶油，在国外称之为奶油蜂蜜（Cream Honey），口感丝滑，品质上乘，备受消费者青睐。主要品种有东北的椴树蜜（紫椴）、云南的苕子蜜（紫苕花）等。因蜜源植物的不同，颜色也会有乳白、雪白、奶白的细微差异。

雪蜜之所以呈现出固体结晶状，主要原因是花蜜中富含大量的葡萄糖，故更易结晶，又因蜜源植物的特殊性，颜色呈现出稀缺的雪白色。

跟普通蜂蜜相比，雪蜜因其洁白如雪的质地，入口即化如冰淇淋般的口感，近年来受到一众爱蜜饕客的喜爱，推荐直接用勺子挖着吃，感受雪蜜独有的软糯丝滑。

扫码看视频

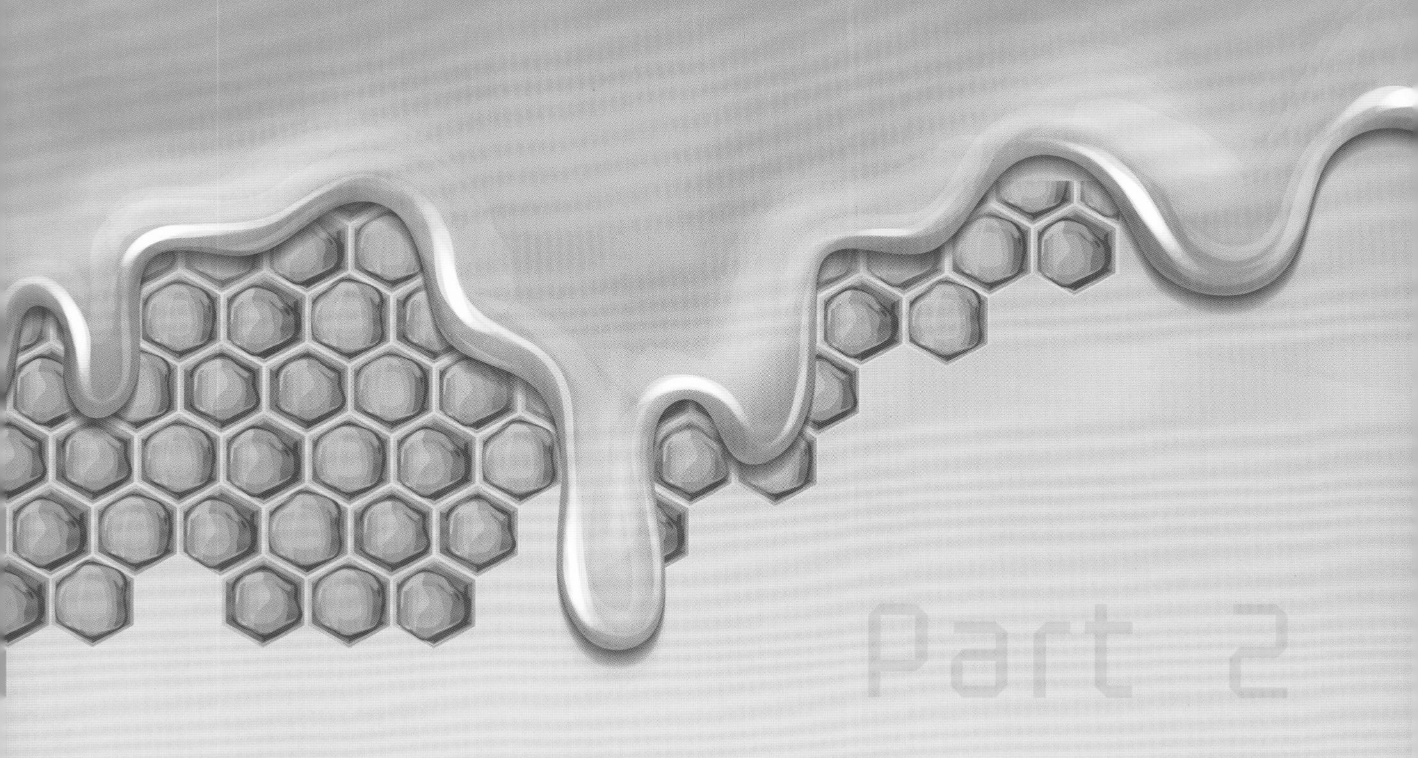

Part 2

第二部分 你真的了解蜂蜜吗？

（一）蜂蜜的保质期有多久，如何判断蜂蜜是否变质？

天然成熟蜂蜜不容易发生变质，国外专家认为无保质期。由于我国市场流通的瓶装或袋装等预包装的蜂蜜要求标识保质期，保质期的长短由企业依据蜂蜜品质及在市场上销售的环境确定，国内市售蜂蜜的保质期通常为2～3年。

科学研究表明，成熟蜂蜜本身有抑菌能力，成熟蜂蜜水分含量低于17%，在常温环境中不易发生变质，这主要与蜂蜜中糖分含量高有关。高浓度的糖溶液可以形成高渗透压，一般微生物不能在高渗透压环境中生存。另外，蜂蜜中也含有一些微量成分，如酚类化合物，能够抑制微生物的繁殖。高糖形成的高渗透压和蜂蜜中的抑菌物质共同作用，使得蜂蜜的保质期要久于普通食品。

鉴别蜂蜜是否变质的方法如下:

一看　是否产生大量气泡，是否有产气现象。如果观察到蜂蜜内产生大量的气泡，且表层有菌落生长，则说明蜂蜜已经变质，不可食用。

二闻　是否有浓烈的酒味和酸味。蜂蜜的香气明显而独特，如洋槐蜜清香淡雅，柑橘蜜馥郁浓香、沁人心脾。如果闻到蜂蜜中出现浓烈的酒味和酸味，这是因为变质过程中酵母菌分解糖分产生了酒精和醋酸，说明蜂蜜已经变质。

（二）蜂蜜是如何从蜂场到超市的？

蜜蜂采蜜　蜜蜂的管状口器可从植物蜜腺上吸取花蜜，位于食管与前胃间的蜜囊则可储存花蜜，等蜜囊装满后，蜜蜂飞回蜂巢将蜂蜜吐出并移交给内勤蜂。

酿蜜　内勤蜂通过唾液中的转化酶将花蜜中的蔗糖转化成葡萄糖和果糖，并通过不停扇动翅膀加速蜂蜜中水分的蒸发，使其变得更黏稠。

储蜜　酿蜜结束后内勤蜂把蜂蜜暂存在蜂房中，但蜂蜜中的水分蒸发以及生物转化过程仍会持续7～15天，直至蜂蜜完全成熟后，内勤蜂将蜂蜜用蜂蜡封存起来，俗称封盖。

取蜜　养蜂人将蜜脾从蜂巢中提出来，割掉封盖，并用摇蜜机在离心力的作用下使蜂蜜和蜂巢分离。

过滤　用蜂蜜专用过滤器过滤除杂。

灌装　用蜂蜜灌装机灌到瓶内，送至超市。

（三）我国哪里的蜂蜜品质更优？

蜂蜜的品质与蜜源植物密切相关，与地域也有一定的关系。通常，蜜源植物丰富、环境优美、水源优质的地方，所产的蜂蜜品质相对更优。

- 秦巴云贵武陵等山区中蜂蜂蜜
- 云南紫云英蜜
- 新疆薰衣草、罗布麻、红花蜜
- 陕西洋槐蜜
- 宁夏、甘肃百里香蜜

……

- 东北黑蜂蜂蜜、椴树蜜
- 南方龙眼、荔枝、枇杷、五倍子、野桂花、野坝子、苕子蜜
- 中原地区枇杷蜜
- 北方洋槐、枣花、荆条、板栗蜜

……

（四）蜂蜜有什么功效？

在我国，蜂蜜是一种应用历史十分悠久的药食两用食物，《神农本草经》记载蜂蜜具有益气补中、止痛解毒等诸多功效。现代药理学研究也表明，蜂蜜具有抗菌、抗炎、抗氧化、免疫调节、创面修复等功效。因此，蜂蜜在临床上有着较为广泛的应用。

缓解咳嗽　临床实践表明口含蜂蜜非常有助于治疗喉疾和咳嗽；多饮用柠檬蜂蜜水有很好的疗效。

伤口管理 蜂蜜可被用于治疗伤口、昆虫叮咬、皮肤病、烧伤和疮伤。临床证据表明，蜂蜜可以促使创伤部位迅速长出肉芽组织，加快伤口愈合。

儿科护理 蜂蜜的抗氧化和抗菌特性有助于减少儿童的持续咳嗽和改善睡眠。蜂蜜对由于过度使用纸巾或尿布引起的儿童皮炎、湿疹和皮癣有改善作用。

治疗糖尿病溃疡 蜂蜜是治疗糖尿病引起的溃疡的一种低成本且有效的疗法，蜂蜜治疗对溃疡伤口具有较好的耐受性和较小的创伤。

预防心血管疾病 研究表明，蜂蜜中的酚类化合物可以降血脂，降低总胆固醇、甘油三酯、低密度脂蛋白，有效预防动脉粥样硬化等心血管疾病。

治疗胃肠道疾病 蜂蜜对导致胃肠炎症的常见致病菌如沙门氏菌属、大肠杆菌、志贺氏菌属等具有抑制作用。此外，蜂蜜中的还原性糖、生物酶和植物化学物质等营养成分有助于胃肠道的消化，从而缓解便秘。

缓解哮喘 澳大利亚的研究表明，蜂蜜可以有效缓解哮喘及其相关病症，缓解支气管疾病。

2.5 mL 1/2 TEASPOON

口腔健康 蜂蜜可用于治疗许多口腔疾病，包括牙周病、口腔炎症和口臭；预防牙菌斑、牙龈炎、口腔溃疡和牙周炎、口角炎。

缓解神经紧张，改善睡眠 蜂蜜所含的葡萄糖、维生素以及磷、钙等物质能够调节神经系统，从而起到增加食欲、促进睡眠的作用。神经衰弱者每晚睡前口服一勺蜂蜜或适量蜂蜜水，能够提高睡眠质量。

保肝护肝 蜂蜜适用于辅助治疗肝病，能促进肝细胞再生，对脂肪肝形成具有抑制作用。

治疗便秘 自古蜂蜜就有益气润肠益脾的疗效，常用于治疗便秘。目前，除了口服和外用，还可以使用蜂蜜栓剂。

中药辅剂 蜂蜜是药剂学中常用的矫味剂、赋形剂和黏合剂，传统中成药多用炼蜜为丸法制成。

解酒 蜂蜜中含有大量的果糖成分，能迅速被人体吸收，果糖能加快酒精代谢，减少酒精在体内吸收，达到解酒的目的。此外，蜂蜜中的酚类化合物能够降低酒精对肝脏造成的氧化损伤，促进肝脏正常功能的恢复。

蜂蜜是药食两用的食品，对“三高”人群、儿童、病后体弱者等尤为适宜。

（五）蜂蜜里有激素吗？

蜂蜜中不含激素，消费者可以放心食用。

蜂蜜的主要成分是葡萄糖和果糖，此外还含有多种氨基酸、矿物质、维生素、酶类及酚类化合物等具有生物活性的物质，对于调节人体新陈代谢、改善体质状况和提高免疫力具有一定作用。

家长可以放心让1岁以上儿童服用蜂蜜，研究表明，儿童常食蜂蜜，牙齿和骨骼会长得快而坚实，并可增强对疾病的抵抗力。

（六）为什么有的蜂蜜放久了会有酸味和酒味？

非成熟的蜂蜜质地稀薄，会有酸味和酒味，主要是由于蜂蜜中有一类耐糖的酵母（又名嗜渗酵母），它主要来源于蜜源植物的花朵、土壤和空气中。

成熟蜂蜜的渗透压可抑制它的生存，而稀薄的蜂蜜在温度适合的条件下，会将其中的糖分分解，产生酒精和二氧化碳，在有氧条件下，酒精进一步被醋酸菌转化为醋酸。

含水量>19%，会发酵

温度高于25℃的环境非常有利于嗜渗酵母的生长繁殖，温度越高，发酵速度越快，糖分分解速度越快，这也就是为什么非成熟蜂蜜夏季比冬季更易产生酸味和酒味的原因。

初期发酵的蜂蜜带有一点轻微的酒味，后期发酵就会带有明显的酸味和酒味，且表面形成大量的气泡，改变了其原有的风味，此时发酵的蜂蜜不能食用。

含水量≤17%或成熟蜂蜜，不会发酵

含水量17% ~ 18%，需贮存于冰箱

（七）蜂场卖的蜂蜜和超市卖的蜂蜜哪种好？

如果是纯天然的成熟蜂蜜，不论是从蜂场处还是商店里购买都应是好蜜

大多数人对于蜂场、蜂农蜂蜜更加信任，是因为看得见取蜜、灌装过程，但消费者可能忽略了检验环节。有经验的消费者可通过看、闻、尝，或根据价格及第三方检查机构的检测报告判断。

建议大家平时购买蜂蜜最好选择大型蜂场（较有名气的蜂场）、中国养蜂学会基地或有第三方质量检测报告且合格的蜂蜜，品质更有保障。

（八）国外的蜂蜜比国内的好吗？

国外的蜂蜜不比国内的成熟蜂蜜好

中国地大物博，有丰富的蜜源植物和中药材，是世界上蜂蜜品种最多、产量最高、品质上乘的国家。

随着我国蜂业的高质量发展和生产模式的变革，尤其是中国养蜂学会对成熟蜂蜜生产模式的推广，我国蜂蜜的品质显著提高。特别是在习近平总书记提出“绿水青山就是金山银山”后，我国越来越注重自然环境的保护，在山清水秀的自然环境中生产出来的优质成熟蜂蜜，品质极佳。

（九）蜂蜜是不是越贵越好？

蜂蜜不是越贵越好，只要是纯天然、成熟的蜂蜜都很好

任何商品都是成本决定价格，蜂蜜也是一样的。正常情况下，高品质的蜂蜜在生产过程中成本较高，所以价格一定不会很低，比如成熟蜂蜜比稀薄的价格要高，营养成分也更丰富；如果遇到价格很低的蜂蜜，那它是假蜂蜜或低品质蜜的可能性就很高。

在我国，优质中蜂蜂蜜（俗称土蜂蜜）、洋槐蜜、椴树蜜、枇杷蜜、枣花蜜、龙眼蜜、荔枝蜜、荞麦蜜等的价格较高，枸杞、五倍子、五味子、党参、玄参等特种蜂蜜价格更高，而油菜蜜因口感一般、产量大，价格较低。此外，在蜂蜜市场也存在以次充好的现象，这就需要消费者慧眼识珠了。

消费者可购买中国养蜂学会认证的标准化、成熟蜜基地或其他正规厂家生产的蜂蜜，相关信息可搜索“中国养蜂学会”官方网站进行查询。

中国养蜂学会认证的成熟蜜基地示范点名单（部分）

北京京纯养蜂专业合作社

北京奥金达蜂产品专业合作社

广西梧州甜蜜家蜂业有限公司

广东深圳杨子蜜蜂园

吉林省安图县人民政府

山东英特力生物科技有限公司

山东莱芜市朗野蜂业有限公司

山东蜜源经贸有限公司

武汉蜂之巢生物工程有限公司

山西沁水人民政府

山西圣康蜂业有限公司

江西省乐平市思红蜂业专业合作社

江西石城县复兴蜂业专业合作社赣江源中华蜜蜂基地

江西（九江）卫民蜜蜂园

云南省罗平县人民政府

新疆尼勒克县种蜂场

新疆兵团锡伯渡养蜂场

福标新疆塔城红花成熟蜜养蜂基地

新疆北屯市阿勒泰蜂场

新疆天山黑蜂产业股份有限公司

重庆中益乡人民政府

重庆市綦江区中峰镇人民政府

重庆酉阳土家苗族自治县供销合作社联合社

重庆石柱土家族自治县农业农村委员会/畜牧产业发展中心

海南琼中黎族苗族自治县

湖北省五峰土家族自治县

黑龙江神顶峰黑蜂产品有限公司

黑龙江小慈生态农业发展有限公司

四川九寨沟县新民蜂业有限公司

江苏吴中枇杷蜜基地

贵州蓝莓蜜基地

青海枸杞蜜基地

……

扫码观看精彩视频

（十）“土蜂蜜”是什么蜜？

土蜂蜜是**中蜂蜂蜜**的一种俗称，是由中华蜜蜂采集多种蜜源植物的花蜜混合酿制而成。《本草纲目》和《神农本草经》中记载的蜂蜜便是土蜂蜜。

相比于单花种蜂蜜，土蜂蜜的营养成分和活性成分的种类更加丰富。但由于各地蜜源植物分布差异较大，因此不同产地的土蜂蜜所含营养成分也不尽相同，甚至同一产地的土蜂蜜成分可能也存在较大差异。

（十一）结晶的蜂蜜还能吃吗？

结晶蜂蜜当然可以吃

蜂蜜的结晶是一种物理现象，并不影响蜂蜜的食用安全和营养价值。天然的成熟蜜是一种糖的过饱和溶液，果糖在蜂蜜中溶解度高，不易结晶，而葡萄糖的溶解度较低，容易结晶，这就形成了我们观察到的蜂蜜结晶现象。

葡萄糖含量高的蜂蜜放置于15℃以下的环境时，更容易发生结晶，随着贮藏温度升高，结晶还会融解，蜂蜜会还原至正常液态。

比较容易结晶的蜂蜜有油菜蜜、椴树蜜、向日葵蜜、苕子蜜、薰衣草蜜等。

苕子蜜

油菜蜜

椴树蜜

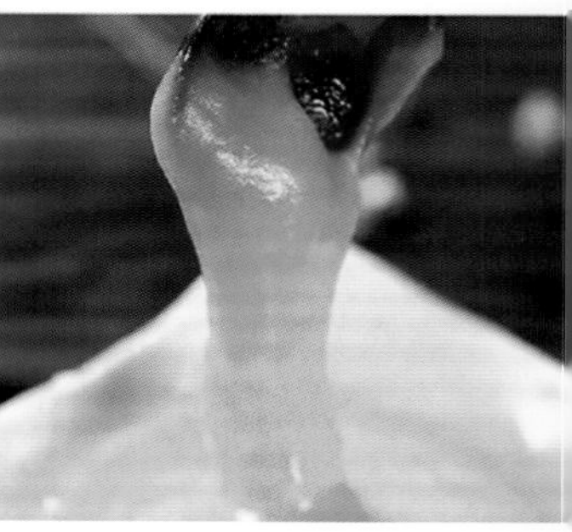

向日葵蜜

（十二）如何识别假蜂蜜？

一看，外观是否过于清澈　一些假蜂蜜由人工制成，主要原料是糖浆，外观清澈透亮。而真蜂蜜中成分复杂，外观呈半透明状，有的较为浑浊。

二闻，香气是否自然　一些假蜂蜜香气不自然，可能带有隐隐的化学试剂气味或类似水果硬糖的香精气味。而真蜂蜜香气纯正自然，蜜味浓郁，有明显的花香。

三尝，味道是否纯正　假蜂蜜口感单一且甜味不纯正，有明显的糖浆味，仔细品尝可能还略带有香精味。而真蜂蜜味道香甜纯正，入口绵甜，并带有花香。

四触，结晶是否松软　假蜂蜜的结晶较为致密、粗糙，用筷子不容易插入，放在手指上捻压时有沙粒感。而真蜂蜜的结晶较为松软，呈松花状或奶油状，用筷子能轻松插入，放在手指上很容易捻化。

五比，价格是否过低　假蜂蜜的成本低廉，定价可能远低于市场价格。而真蜂蜜成本较高，价格不可能过低。

六查，标签是否合格　查看产品标签，如果配料表中写着蔗糖、白砂糖或果葡糖浆等人工添加成分，则为掺假蜂蜜。真蜂蜜是由蜜蜂酿制而成的纯天然产物，不含任何人工添加的成分。

七试，加入水中是否不透明　假蜂蜜主要是糖浆，加入水中清澈透明。而真蜂蜜富含蛋白，加入水中呈浑浊、不透明状态。

（十三）为什么蜂蜜不允许高温加工？

蜂蜜中含有多种营养成分和活性成分，在高温加工的过程中，蜂蜜的营养成分和活性成分会发生损失，高温加热还会生成有害物质，不仅影响感官特性，还严重影响蜂蜜的营养价值和人体健康。

蜂蜜中的蛋白质、氨基酸、维生素、淀粉酶、葡萄糖转化酶、酚类化合物等营养成分和活性成分在高温加工过程中会发生化学反应，降低蜂蜜的营养价值和保健功能。

高温加工会破坏蜂蜜中的香气和风味，影响蜂蜜的感官特性。蜂蜜在高温加工过程中还会生成一些有害化合物，如5-羟甲基糠醛等。高温加工会对蜂蜜品质产生较大的负面影响，所以不允许高温加工。

（十四）蜂蜜波美度是什么意思，度数越高的越好吗？

波美度（°Bé）是法国化学家波美（Antoine Baume）发明的一种检测溶液浓度的方法，为了纪念他，以他名字Baume命名，表述°Bé。蜂蜜波美度，就是指蜂蜜的浓度。

在常温20℃时，完全封盖的成熟蜂蜜波美度43°Bé，相当于水分含量17%，此种蜂蜜是品质极高的；南方由于气候湿度大，完全封盖的成熟蜂蜜波美度约42°Bé，相当于水分含量19%，夏季需要冰箱冷藏；有的未完全封盖的蜂蜜，波美度41.5°Bé，相当于水分在20%以上，则必须冰箱冷藏，以免发酵（发泡）变质。

有的品牌蜂蜜会将波美度标注于包装上，消费者在购买蜂蜜时可以留意一下，一般情况下，越接近43°Bé越好。

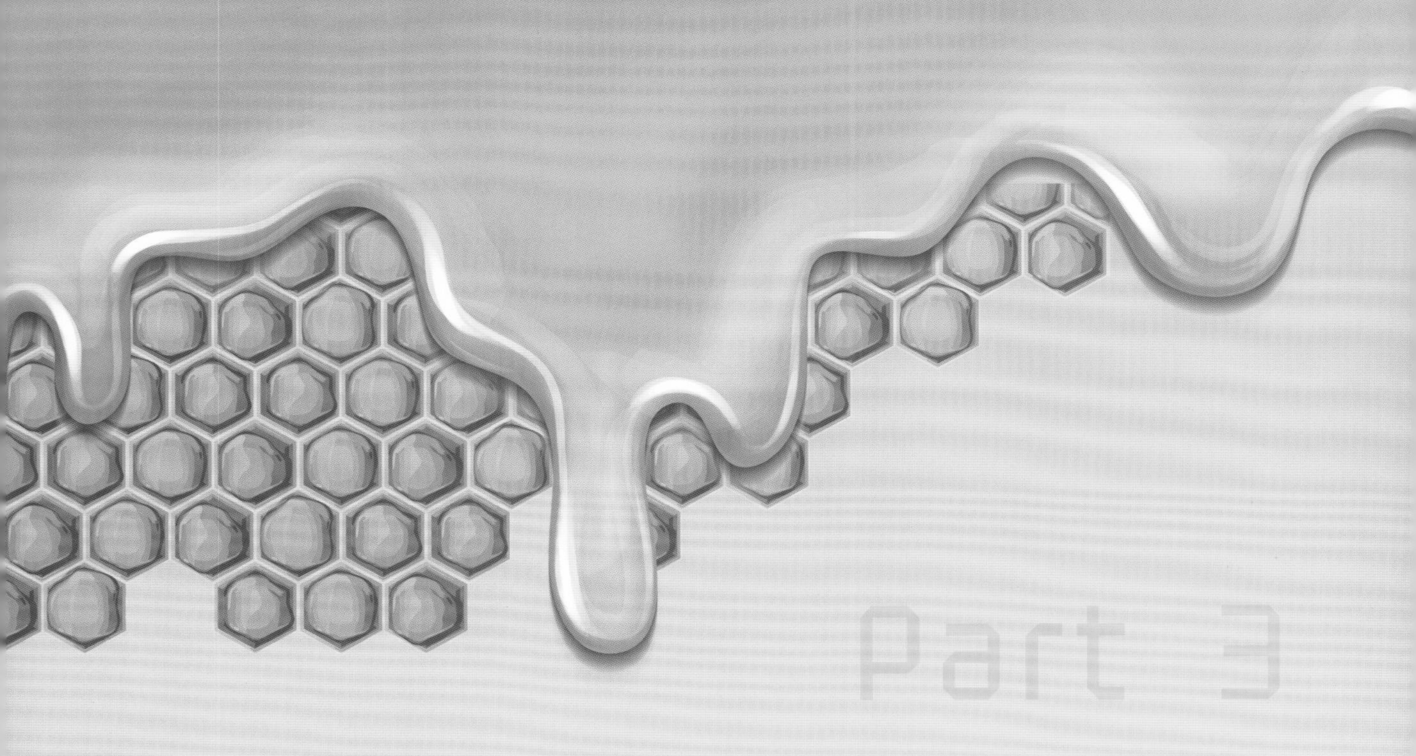

Part 3

第三部分 你真的会消费蜂蜜吗？

（一）巢蜜怎么吃，巢蜜中的蜂蜡能吃吗？

巢蜜是经过蜜蜂酿制成熟并封上蜡盖的蜜脾，由蜂巢和蜂蜜两部分组成，巢蜜可以直接嚼着吃或冲水饮用。

纯正巢蜜中的蜂蜡是工蜂腹部蜡腺分泌的物质，含有有机酸、游离脂肪酸、游离脂肪醇、碳水化合物、类胡萝卜素、维生素A以及一些芳香物质，蜂蜡中还含有大量的高级烷醇类化合物，常温下为固体，因而难以下咽。不过这些成分无毒无害，可以食用，并且还具有一定的解毒、抗菌抗炎等作用。

（二）什么时间吃蜂蜜最好，吃多少合适？

在不同时间食用蜂蜜会有不同的功效

早上食用，蜂蜜可以促进胃肠蠕动，润肠通便；下午食用，蜂蜜中的糖类可以快速被人体吸收，从而尽快缓解疲劳。晚上食用，蜂蜜中的维生素以及镁、磷等矿物质可以调节神经系统，具有安神促眠效果。

餐前食用，蜂蜜可以抑制胃酸的分泌，从而减少食物对胃黏膜的刺激。餐后食用，蜂蜜对胃肠功能具有调节作用，可以帮助消化。运动前食用，可以增强体能，运动后食用，可以补充能量，避免发生低血糖。

蜂蜜的食用量参考标准为儿童少年每天10 ～ 20克，成年人每天50克左右。不建议每天摄入过量的蜂蜜，因为蜂蜜是一种高热量食物，摄入过量会导致能量过剩，不利于健康。

低血糖时，蜂蜜可以及时补充能量，效果好、见效快，被称为“救命饮品”。

（三）蜂蜜的食用方法有哪些？

- 直接口含
- 温水冲饮
- 涂抹面包
- 蜂蜜＋咖啡
- 蜂蜜＋豆浆
- 蜂蜜＋奶茶
- 蜂蜜＋玉米汁
- 蜂蜜＋绿豆汤
- 蜂蜜＋银耳
- 蜂蜜＋雪梨汁
- 蜂蜜＋莲藕汁
- 蜂蜜＋柠檬水
- 蜂蜜萝卜
- 蜂蜜蛋糕
- 蜂蜜鸡蛋羹

……

（四）蜂蜜可以用热水冲调吗？

蜂蜜不宜用很热的水冲调

蜂蜜中的一些活性成分经热水冲调后会发生损失，一些热敏性的成分例如维生素C、酚类化合物会受到破坏。蜂蜜冲服最好用温开水，不但能保证蜂蜜中各种蛋白质、维生素、生物酶不受破坏，而且具有“春服养脾利气，夏服消暑解毒，秋服润燥滑肠，冬服镇咳缓下”的保健作用。当然，最好用凉白开水冲饮。

（五）为什么喝蜂蜜水嘴里会发酸？

喝蜂蜜水嘴里会发酸是正常现象，这与蜂蜜本身的特性、人体口腔环境等多种因素有关。

蜂蜜是一种弱酸性的天然食品，其pH约为3.9，含有葡萄糖酸、柠檬酸、醋酸、丁酸和苹果酸等多种酸性成分，蜂蜜种类不同，酸性成分含量也不同。例如荆条蜜、椴树蜜等蜂蜜pH较低，发酸的情况就会明显些。

众所周知蜂蜜尝起来是甜的，这是由于其主要组成是糖类，甜味基本掩盖了蜂蜜的酸味，但当用水稀释以后，它的酸性成分更活跃，并在饮用后会残留在嘴里，这也就是喝了蜂蜜水嘴里会发酸的主要原因。

另外，蜂蜜中的葡萄糖和果糖在口腔中遇到微生物后会发酵，产生微酸的感觉。甜食可促进胃酸分泌，也会导致口中有酸味。而且人们的口腔中本身就存在一种乳酸杆菌，能使糖发酵产生乳酸，糖在嘴里的时间越长，产生的乳酸越多，酸味越明显，所以建议每次饮用蜂蜜水后及时漱口，避免腐蚀牙齿。

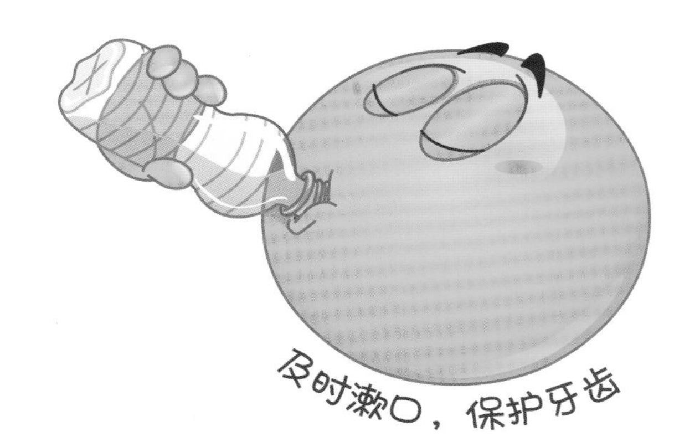

（六）有的人为何食用了蜂蜜后胃会难受？

蜂蜜本身具有保护胃肠道的作用，但对于胃功能不良的人群需要谨慎饮用。

这是由于饮用蜂蜜后会刺激胃酸分泌，从而导致胃功能不良人群产生胃部不适。

建议肠胃不好的人在饭后1.5至2小时用温水冲调蜂蜜饮用，也可以配合生姜熬水以改善其胃部不适症状。

（七）蜂蜜的美容效果是真的吗，怎么使用蜂蜜进行美容？

是真的，蜂蜜是理想的天然美容品。

据记载，早在1700年前，蜂蜜就被用来护肤美容。蜂蜜中含有丰富的营养物质，其抗氧化性可以清除氧自由基，减少皮肤皱纹及老年斑。通过内服或外用蜂蜜都可以达到美容养颜的效果。蜂蜜和醋各1～2汤匙，用温开水冲服，每日2～3次，长期坚持，能改善肤质和血液循环。除了饮用外，蜂蜜可以直接或与水果匹配做面膜美容养颜。

红酒蜂蜜面膜　美白滋养皮肤——将一小杯红酒加2～3勺蜂蜜调至浓稠的状态，均匀地敷在脸上，八分干后用温水洗净即可。

蜂蜜甘油面膜　补水滋润——蜂蜜1勺，甘油1勺，加2勺水充分混合，即成面膜膏，轻轻涂于脸部和颈部，形成薄膜敷面20～25分钟。

蜂蜜酸奶面膜　收敛毛孔——蜂蜜和酸奶以1：1的比例拌在一起，涂在面部15分钟，然后用清水洗去。

蜂蜜黄瓜面膜　美白除皱——鲜黄瓜汁30毫升，奶粉2茶匙（约5克），蜂蜜15克，风油精2滴，调匀后涂面部，并用手指轻轻按摩5分钟，20～30分钟后洗净。

（八）蜂蜜在临床上有哪些应用？

蜂蜜药理作用广泛、成本低廉且无不良反应，在临床上有着广泛的应用。

外敷治疗口角炎、口角起泡、烫伤、烧伤及小儿痱子等**皮肤系统疾病**。

缓解口腔溃疡、消化性溃疡、便秘、肛肠肿胀等**消化系统疾病**及配合肛肠术后创面换药。

治疗咽炎、咳嗽、干燥性鼻炎等**呼吸系统疾病**。

与中药混合外敷治疗**静脉炎**。

10%磺胺醋酰钠蜂蜜眼药可用于治疗各种角膜炎、角膜溃疡、化学伤、机械伤等**眼科疾病**。

与维药阿萨润霜调配对**膝骨关节炎**患者具有消炎、消肿、止痛的作用，等等。

（九）减肥人士、糖尿病人等一些特定人群能服用蜂蜜吗？

可以服用，可用蜂蜜替代糖。

适量饮用蜂蜜可以提高新陈代谢，减脂瘦身。蜂蜜中的单糖不仅能为人体提供充足的能量，同时能促进排便。此外，蜂蜜中的酚类化合物具有一定的减脂作用，适量喝蜂蜜水可辅助减肥，但大量食用会使热量超标。

糖尿病人更应以蜂蜜替代白糖。蜂蜜中的单糖易消化吸收且升糖指数仅43.0，蜂蜜中的酚类化合物等活性成分还具有调节血糖的作用。

特别建议：蜂蜜水是减肥人士运动后低血糖及糖尿病患者发生低血糖时的最佳补充剂，是安全、快速的“救命”饮品。可随身携带一小袋蜂蜜（10克）。

（十）孩子食用蜂蜜易导致龋齿吗，婴幼儿可以食用蜂蜜吗？

不会，但要养成**及时漱口**的好习惯。

蜂蜜和大多数食物一样，在食用后需漱口或刷牙以避免龋齿的发生。经研究表明，蜂蜜可以产生微量的过氧化氢，具有显著的抑菌活性，抑菌能力较强，且比抗生素等药物更加温和。孩子在出现牙齿疼痛的症状时，可以适量服用蜂蜜从而促进发炎组织的恢复和生长。

另外，不建议给1岁以下婴儿喂食蜂蜜。蜂蜜中可能存在肉毒杆菌，肉毒杆菌的孢子即使经加热也难以杀灭。婴幼儿食用含有肉毒梭状芽孢杆菌（肉毒梭菌）毒素污染的食物可能会引起急性中毒。

需要说明的是，1岁以上婴幼儿的肠胃吸收和消化功能已发育较为完全，食用蜂蜜是安全的。

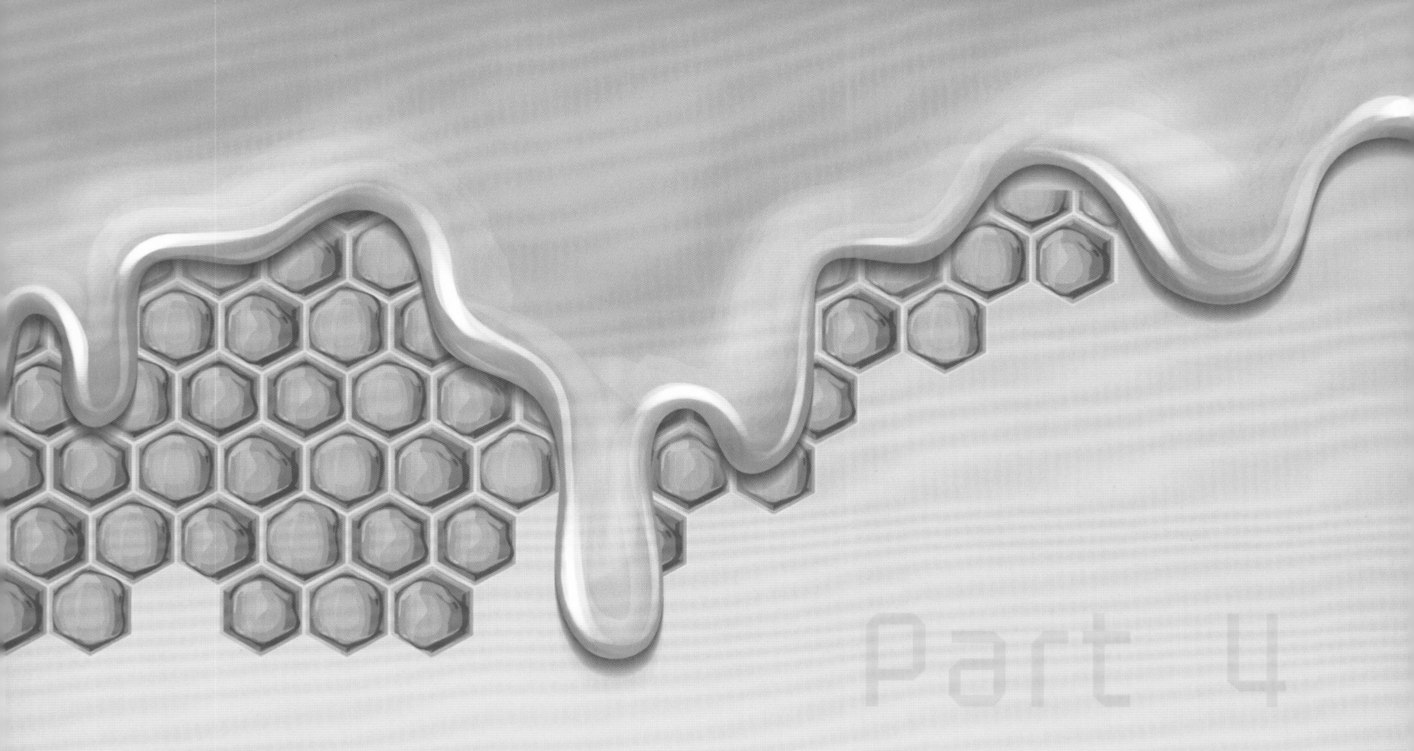

Part 4

第四部分 美味蜂蜜

（一）蜂蜜蛋糕

蜂蜜蛋糕是很多人记忆中的儿时味道。在过去的年代，不使用添加剂，采用原始的打发鸡蛋方式，就能让蛋糕蓬松柔软，还原出最纯朴的蛋香味。直到现在，它仍然受到男女老少的欢迎。

食材 低筋面粉60克，鸡蛋2颗，蜂蜜70克，牛奶适量。

制作步骤

（1）鸡蛋打散，加入蜂蜜搅拌均匀；

（2）将鸡蛋打发。开始时低速搅拌，形成细腻的泡沫后再高速搅拌，直至提起打蛋器时滴落的蛋糊可划出花纹，且保持较长时间不消失，同时打蛋器上保持有2～3厘米高的蛋糊不会滴落；

（3）在打发好的蛋糊中加入过筛的低筋面粉，以底部向上翻拌的形式将面粉和蛋糊彻底拌匀；

（4）将面糊盛入蛋糕模具中，底部刷一层薄薄的油，放入170℃烤箱，上下火，12分钟，烤至表面呈金黄色。

（二）蜂蜜小餐包

蜂蜜小餐包与吐司一样，在甜面包界有着不可撼动的地位，其材料简约，形状简单，真是“包”如其名，用来做早餐太合适了。

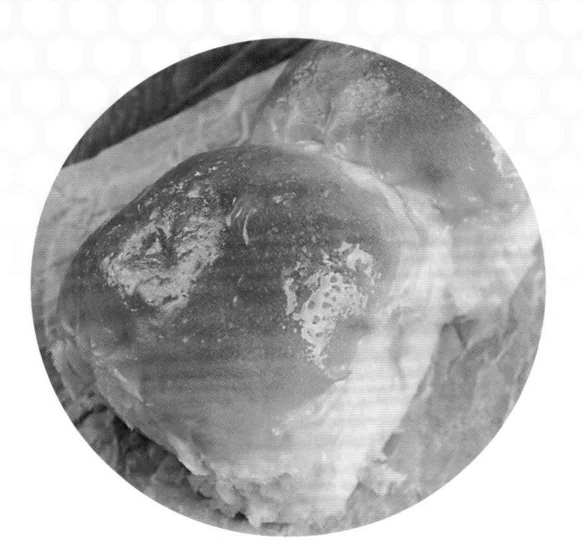

食材　高筋面粉1000克，蜂蜜160克，酵母14克，水380克，盐10克，黄油80克，鸡蛋70克。

制作步骤

（1）将高筋粉倒入搅拌机内，加入300克水搅拌均匀，取出密封放置；

（2）将面团再次放入搅拌机内，加入酵母、蜂蜜、全蛋液、80克水，中速搅拌5分钟，再加入盐、黄油慢速搅拌10分钟，静置20分钟后分割成每份100克，搓圆，放入烤盘备用；

（3）将成型后的面团放入温度30℃、湿度85%的醒发箱内，发酵时间为80分钟；

（4）将完成发酵的面包胚体放入烤箱，上下火，温度200℃，时间45分钟，即得蜂蜜小餐包。

（三）蜂蜜冰淇淋

蜂蜜替代平时制作冰淇淋中的食糖是不错的选择，不仅口感更好，而且更有益健康。相较于蔗糖，蜂蜜中的葡萄糖和果糖更容易被身体吸收消化，蜂蜜更不容易使人发胖。

食材 蜂蜜130克，蛋黄6颗（约120克），牛奶250克，淡奶油250克。

制作步骤

（1）蜂蜜和蛋黄打散搅拌均匀，牛奶加热至即将沸腾时关火，将搅拌均匀的蜂蜜和蛋黄慢慢倒入加热的牛奶中；

（2）以最小火加热，期间用勺子不停地搅拌，直到加热至浓稠状态可以挂勺，关火冷却备用；

（3）将淡奶油搅打至6至7分发的状态（淡奶油体积明显增大，用打蛋器拎起会有奶油缓慢下落，且晃动打发盆奶油稍具流动性）；

（4）将打发的淡奶油加入冷却后的蛋奶糊中搅拌均匀，随后，倒入保鲜盒内，放入冰箱冷冻保存；

（5）每隔1～2小时取出再次搅拌，每次搅拌完立刻放回冰箱冷冻保存，重复3～4次。香甜美味的蜂蜜冰淇淋就做好啦！

（四）蜂蜜酸奶

以蜂蜜替代白糖制作酸奶十分营养健康，糖尿病人也可食用。

蜂蜜中含有丰富的活性酶，可以促进胃肠道的蠕动，而酸奶中含有一定的有机酸、益生菌，能促进胃酸分泌，调节胃肠功能，进而辅助食物消化。蜂蜜和酸奶中这些营养成分互相作用，能促进身体的新陈代谢，使身体更加健康有活力。

食材 纯牛奶1升，酸奶200毫升，蜂蜜适量。

制作步骤

（1）将制作酸奶的容器用热水烫一遍消毒，晾干，保证内壁洁净，无油无水；

（2）将牛奶加热至40℃左右，加入酸奶、蜂蜜，搅拌均匀，放入容器中（蜂蜜也可在食用时再加）；

（3）电饭锅里放一个小架子，加入适量40℃温水，将搅拌好的牛奶放上去，盖上盖子，保温10～12小时，即可食用（北方冬季，放在暖气上也可以）。

（五）蜂蜜发酵酒（蜜酒）

蜂蜜酒是以蜂蜜为原料，经发酵、陈酿后制得的低度酒精饮料。蜂蜜酒深受国内外消费者青睐，还将它作为婚宴上的喜酒。微生物发酵制得的蜂蜜酒蜜香纯正，甜酸适中，既保留了原料蜂蜜中的营养成分，同时由于微生物的作用，又提升了氨基酸、维生素的含量。

蜂蜜酒可美容养颜、补肾养胃，特别是对患有神经衰弱、失眠、性功能减退、慢性支气管炎、高血压、心脏病等慢性疾病患者大有裨益。长期饮用能促进睡眠和新陈代谢，还有抗衰老功效。

食材　蜂蜜80克，酵母0.2克，凉开水400克。

制作步骤

（1）将500毫升可密封的容器用沸水进行杀菌消毒，晾干；

（2）将蜂蜜倒入晾干后的容器中，并加入酵母；

（3）倒入凉开水，密封，摇匀后静置；

（4）3天后，小心缓慢放气后，倒入杯中，等待气泡消失即可享用。

（六）蜂蜜发酵醋

蜂蜜不仅可以增强肝脏的排毒功能，还有助于脾胃的消化，可以帮助机体排出废物，改善便秘，发酵成醋后营养元素更加多元。

食材　蜂蜜100克，水400克，酵母0.1克，醋酸菌4克，食盐1克。

制作步骤

（1）将100克蜂蜜与400克水混合均匀；

（2）将稀释过的蜂蜜在62～65℃的条件下加热30分钟；

（3）蜂蜜水中添加酵母，在20℃左右条件下密封发酵，每天搅拌一次，当酒精浓度为5%时，加入10%醋酸菌，在35℃左右条件下进行醋酸发酵，每日早晚各搅拌一次，当醋酸含量为6%以上时，停止发酵；

（4）发酵完毕的醋液中加入1%食盐存放30天，以增加风味；

（5）将陈酿好的蜂蜜醋使用纱布滤去残渣，并对滤液进行灭菌，得到蜂蜜醋。

（七）蜂蜜鸡翅

由蜂蜜、鸡翅作为主要材料，葱、姜、蒜、料酒作为辅料共同烹制而成。烹饪简单、美味可口、营养丰富。

食材 鸡翅6个，姜1小块，米酒1汤匙，蜂蜜1汤匙，鸡粉半小匙，水100毫升，盐适量。

制作步骤

（1）将鸡翅中清洗干净，用盐、糖、生抽稍加腌制；

（2）放入一个鸡蛋黄，搅拌均匀；

（3）放入空气炸锅内，表面淋上蜂蜜，开始炸制；

（4）成熟后取出装盘即可。

蜂蜜烤鸭、烤鸡、烤鱼等，均在焙烤出炉前淋上蜂蜜再烤制，味道香甜更鲜美。

（八）蜂蜜秋梨膏

据史料记载，唐武宗李炎患病，终日口干舌燥，心热气促，服了上百种药物均不见疗效，御医和满朝文武束手无策，正在人们焦虑不安之时，一名道士用熬制的秋梨蜜膏治好了皇帝的病，从此，道士的妙方成了宫廷秘方，直到清朝才流入民间。那么这秋梨蜜膏究竟有什么功效，又该如何熬制呢？

食材 雪梨5个，去核红枣20克，川贝粉少许，蜂蜜适量，姜片少许。

制作步骤

（1）选5个雪梨清洗后去皮、去核，放在榨汁机里榨成雪梨汁；

（2）加入20克去核红枣、川贝粉、少许姜片（按个人嗜好添加），大火煮开，小火熬制；

（3）熬至黏稠状关火（从技术角度来讲，家里自制的很难熬到浓稠的程度，所以，只要有效成分都溶解到了汤汁里就好了）；

（4）温度降下来至温凉后，调入蜂蜜，放入洗净并且开水烫过、晾干的瓶子里，饮用时取适量用温开水调和即可。

（九）其他蜂蜜美食

蜂蜜麻酱　将三分之二的纯芝麻酱和三分之一蜂蜜混合调匀即可，可涂抹于面包上作为早餐，比花生酱更健康。

蜂蜜腊蒜　按照制作腊蒜的方法，其中加入一汤匙蜂蜜，可使制作出来的腊蒜更加美味。

蜂蜜百香果汁、蜂蜜柠檬汁　在制作好的百香果汁或柠檬汁中加入蜂蜜，冷藏后饮用，味道极佳。

蜂蜜牛油果　将牛油果肉与蜂蜜拌匀食用，可大大提升牛油果风味。

蜂蜜龟苓膏　可使用龟苓膏粉自制龟苓膏，然后加入蜂蜜，冷藏后食用，是夏季的消暑佳品。

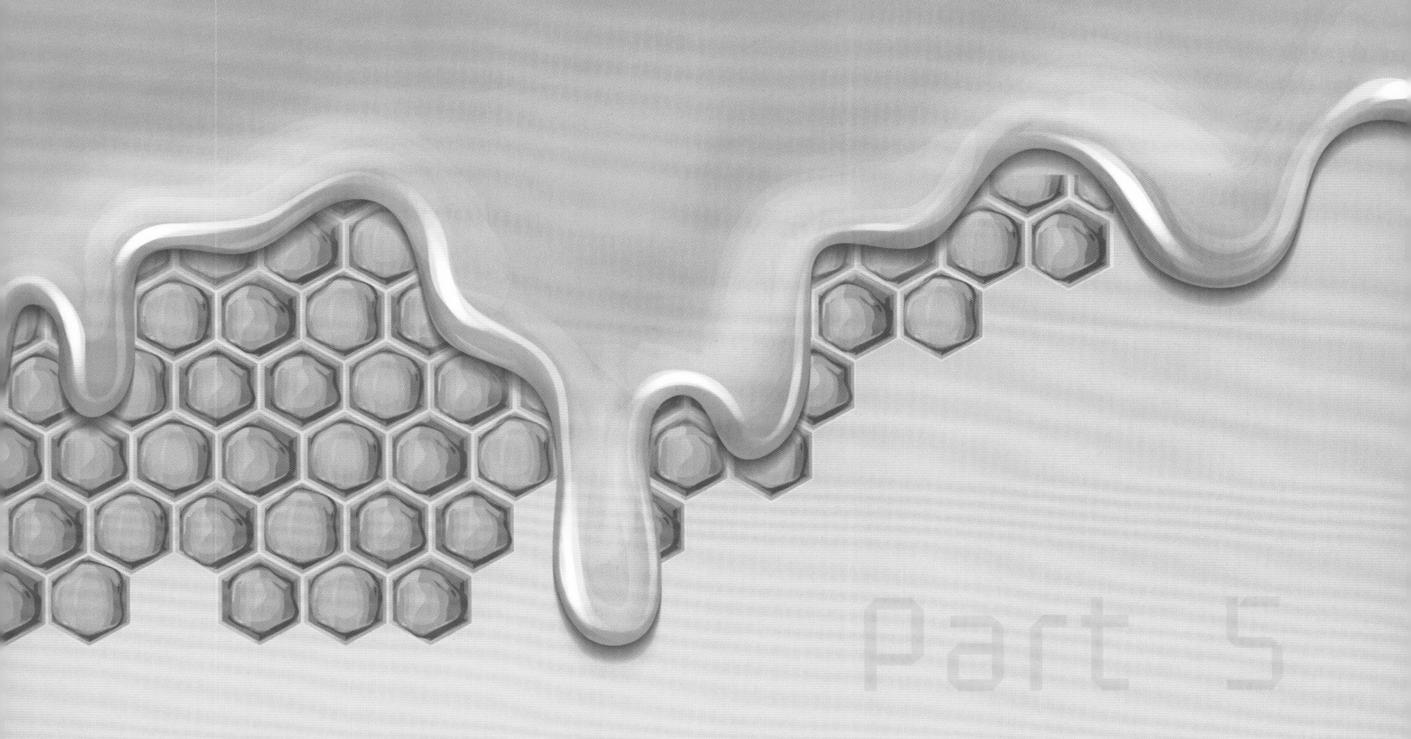

Part 5

第五部分 趣味蜂蜜

（一）蜂蜜起源传说

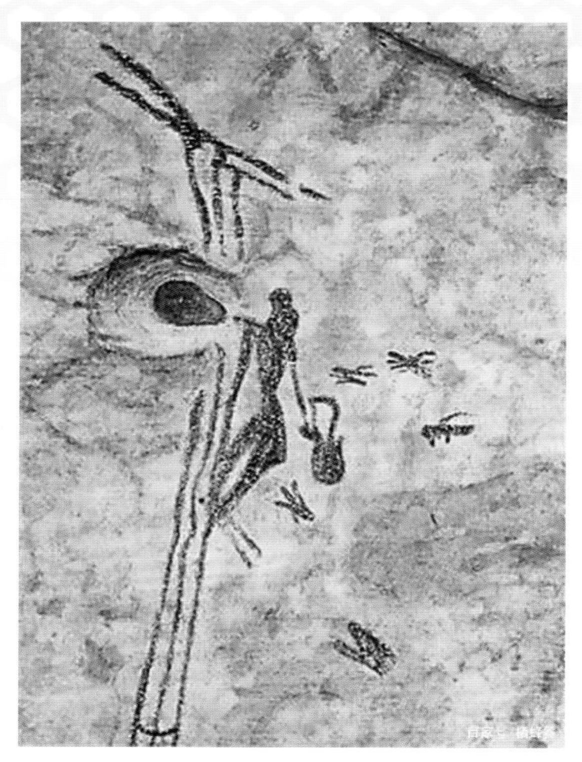

古代壁画——蜂巢采蜜图

关于蜂蜜的起源，有一种说法是起源于古埃及，他们认为蜂蜜诞生于太阳神的眼泪，是神的宝物。古埃及人将蜂蜜广泛应用于保健、医学、美食、美容，特别是用于治疗伤口，同时也用蜂蜜做成饼干祭祀神冥。在木乃伊的防腐处理过程中，古埃及人用蜂蜜、蜂蜡和蜂胶，再配合其他植物来保存尸体。

希腊文明则认为蜂蜜是由酒神狄俄尼索斯赐予人类的宝物。传说他的父亲——诸神之父宙斯在伊达山出生成长，只食用山中野蜂酿制的蜂蜜和山羊女神的乳汁，这为他赢得了“蜜人”的称号，意为像蜂蜜一样甜蜜。

（二）“蜜月”趣事

古时候，蜂蜜是生命、健康和生育能力的象征。

“蜜月”一词起源于古欧洲。相传英国克尔特部落首领的公主爱丽丝从小爱吃蜂蜜，长得非常漂亮，各部落的王子来求婚都特意带来了大批上等蜂蜜。后来，爱丽丝爱上了其中一位王子，决定与他结婚，于是厨娘把蜂蜜酿成酒，在公主婚宴上分享给各位贵宾，大家喝上了又香又甜的蜂蜜酒，称赞不已。以“蜜酒”庆祝新婚燕尔幸福甜蜜。婚宴上喝剩的蜂蜜喜酒，公主王子又足足喝了一个月。于是人们便把新婚后的第一个月称为“蜜月”。

（三）羊角蜜的由来

蜂蜜在古时被称为“甜蜜的药”，在三千多年前就被我们的祖先所享用，我国古代官府设有专门负责采蜜的衙门，负责采集蜂蜜作为贡品。

据传，周武王伐纣时，因百姓献蜜于周武王而群蜂聚集于战旗，意为伐纣祥兆。楚汉之争时，霸王项羽率军与刘邦大战于九里山前，在人困马乏、饥渴难耐时，山上牧童用一只羊角盛满野蜂蜜，敬献给楚霸王项羽及妃子虞姬饮用。霸王和虞姬饮后顿觉神清气爽、愉悦无比，霸王大喜，把随身的镶满金银珠宝的佩剑送给了牧童。后来，军师范曾命御厨坊用面粉制作成羊角形的点心，里面灌制蜂蜜、麦芽糖，成为楚王宫里的一道名点，后逐步演化成古城徐州著名的特产点心——羊角蜜。

（四）古时蜂蜜趣闻

东汉末年《三国志·魏志·袁术传》中记载："时盛暑，欲得蜜浆，又无蜜，坐棂床，叹息良久，乃大咤曰：'袁术至于此乎！'因顿伏床下，呕血斗余，遂死"，可见蜂蜜在汉代已成为珍贵的饮品。两晋时期，郭璞在《蜜蜂赋》中写到："散似甘露，凝如割脂，冰鲜玉润，髓滑兰香。百药须之以谐和，扁鹊得之而术良"，可见蜂蜜的功效。

唐宋时期，人们开始用蜂蜜酿酒。《安州老人食蜜歌》是苏轼赠给僧人仲殊的诗，这位僧人不吃五谷杂粮，以食蜂蜜菜蔬为主。苏轼曾与数人去拜访他，老人设蜜宴招待，豆腐、面筋、牛奶等都用蜂蜜泡制，苏轼平日好食蜂蜜，大加称赞。诗中借介绍安州老人吃蜂蜜的习性，称誉了老人的人品和诗作，也反映了当时食用蜂蜜的普遍。

如何买到高品质的蜂蜜

蜂蜜是浓稠的；
可用蜂蜜棒或勺子卷起来

蜂蜜结晶稳定性保持1.5 ～ 2个月；
长达5个月

蜂蜜结晶可以是颗粒或天鹅绒般细腻的质地

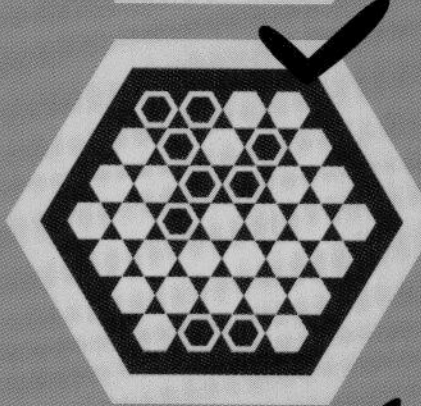

蜜脾必须2/3以上封盖

蜜脾封盖面应当同一颜色

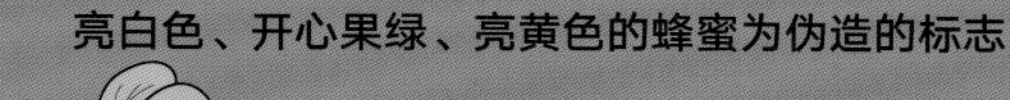

亮白色、开心果绿、亮黄色的蜂蜜为伪造的标志

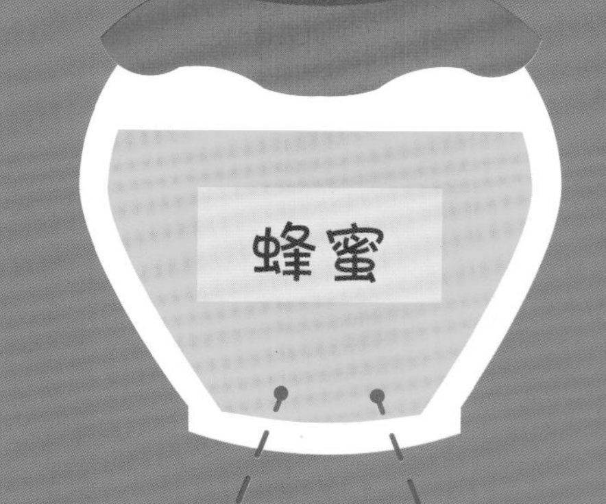

瓶中的蜂蜜颜色必须一致

蜂蜜比糖更甜，有蜂蜜的芳香味

其他特征

蜂蜜溶解在水中：
应是浑浊的淡黄色溶液
蜂蜜在10分钟内溶解，无沉淀物

若将碘滴入蜂蜜：
优质蜂蜜呈亮黄色
劣质蜂蜜呈红褐色或粉红色